Mirjam Brunner

Die Wirkungsweise von Serotonin, Dopamin und Noradrenalin im Gehirn bei Depressionen

GRIN Verlag

Mirjam Brunner **Berufliche Oberschule Rosenheim**

FOS 13cS **Schuljahr 2017/2018**

Seminararbeit

Die Wirkungsweise von Serotonin, Noradrenalin und Dopamin im Gehirn am Beispiel von Depression

Abgabetermin: 02.10.2017

Inhalt

A Einleitung

Das menschliche Gehirn besteht aus einem hochkomplexen Netzwerk von Nervenzellen. Damit bildet es das Zentrum all unserer Fähigkeiten, Kenntnisse, Eigenschaften und vieles mehr. Es steuert beispielsweise das Denken, Erinnern, Fühlen, Bewusstsein und ist verantwortlich für Intelligenz (vgl. Dambeck u.a., 2017). Bei einem solch komplexen Gefüge kann es auch zu Störungen kommen: laut der deutschen Psychotherapeutenkammer erleiden ca. 20% der deutschen Bevölkerung mindestens ein Mal in ihrem Leben eine behandlungsbedürftige Depression (vgl. Munz, 2017).

Damit sind auch bereits zwei wichtige Themen dieser Arbeit genannt: Der Aufbau des menschlichen Gehirns und das Störungsbild der Depression. Diese Themen führen gerade zum Hauptthema der Arbeit, der Wirkungsweise von Neurotransmittern. Das Ziel der Arbeit ist, ein Verständnis aufzubauen für die Mechanismen an der Synapse, die Wirkung der drei Neurotransmitter Serotonin, Dopamin und Noradrenalin und diese am Beispiel von Depression zu verdeutlichen. Es muss jedoch bedacht werden, dass eine detaillierte Ausarbeitung sämtlicher Gesichtspunkte des Themas den Rahmen der Seminararbeit sprengen würde. Dementsprechend widmet sich die Arbeit nur kurz den unterschiedlichen Bereichen des Gehirns, um dann vertiefend die Vorgänge an der Synapse zu beschreiben.

Die Arbeit teilt sich in vier Kapitel. Zuerst wird das Gehirn vorgestellt und die Vorgänge an Nervenzellen und Synapsen erklärt. Danach werden die Neurotransmitter und deren Wirkung einzeln betrachtet. Um die Wirkungsweise der Neurotransmitter am Beispiel von Depression vorstellen zu können, werden zunächst die krankheitsbedingten Veränderungen im depressiven Gehirn aufgezeigt. Zuletzt wird die Wirkungsweise der gängigen Antidepressiva gezeigt, da diese auf die Neurotransmittersysteme wirken.

Die wichtigste Quelle für diese Seminararbeit war das Buch „Wie das Gehirn die Seele macht" von Gerhard Roth und Nicole Strüber. Darin wird das Gehirn ganz allgemein sowie auch neurobiologische Grundlagen psychischer Störungen erklärt. Zudem fließen, neben vielem anderen, mehrere Werke des ehemaligen Leiters des kbo-Inn-Salzach-Klinikums Wasserburg Gerd Laux ein.

B Hauptteil

1. Das Gehirn als Schaltzentrale unseres Selbst

1.1 Organischer Bau des Gehirns

Seit mehr als 100 Jahren versuchen Forscher, das menschliche Gehirn zu verstehen und in bestimmte Bereiche zu unterteilen, also zu kartografieren. Dem deutschen Neuroanatom und Psychiater Korbinian Brodmann gelang dies Anfang des 20. Jahrhunderts als ersten. Er teilte das Großhirn in 52 Areale, denen er teilweise sogar schon Funktionen zuordnen konnte. Noch heute werden Brodmanns Aufzeichnungen genutzt, um gemessene Hirnaktivität einem bestimmten Areal zuzuordnen. Dennoch ist seine Arbeit für heutige Standards zu ungenau, weswegen Forscher bis heute versuchen, eine genaue Karte des Gehirns zu erstellen (vgl. Wolf 2016, 24).

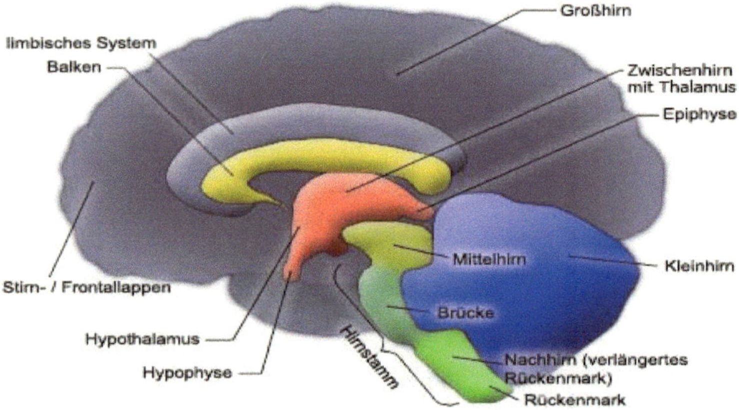

Abbildung 1: Aufbau des menschlichen Gehirns (von: Lukas Hensel, http://www.lukashensel.de/biomain.php?biopage=gehirn)

Das Gehirn kann unter Beachtung der Funktion grob in verschiedene Bereiche unterteilt werden. Das Großhirn (Kortex) besteht aus zwei Hemisphären (Hälften), die durch den Balken (Bündel aus Nervenfasern) miteinander verbunden sind. Die Hemisphären werden in jeweils vier Lappen unterteilt. Das Großhirn ist für komplexe Handlungen wie beispielsweise die Sprache zuständig. Darunter liegen die subkortikalen Kerne, zum Beispiel der Thalamus. Der Thalamus ist für das Bewusstsein zuständig und leitet Impulse an den Kortex weiter. Der

Hypothalamus ist eine Schaltstelle zwischen Großhirn und Hirnstamm und an der Entstehung von Emotionen beteiligt. Die Epiphyse produziert und sondert Hormone ab und beeinflusst endokrine Organe. Für motorische Aufgaben wie beispielsweise die Kontrolle und Koordination von Stütz- und Zielmotorik ist das Kleinhirn zuständig. Auf dem Bild gelb bzw. grün markiert ist der Hirnstamm. Dieser besteht aus Mittelhirn, Brücke und verlängertem Rückenmark. Das Stammhirn koordiniert lebenswichtige Aufgaben wie Bewusstsein, Atmung und Kreislauf (vgl. Garzorz 2009, 36 - 60).

Diese Einteilung ist zwar für Schüler und Laien sehr hilfreich, zu Forschungszwecken jedoch viel zu ungenau. Daher versuchen Forscher seit Jahren, eine genauere Karte des Gehirns zu erstellen. Dies ist nun erstmals gelungen, da Forscher um Matthew Glasser unter Einbezug von Daten des US-amerikanischen Human Connectome Project das Gehirn anhand von mehreren Faktoren in Areale teilten. Dabei ist eine Karte von 180 Arealen pro Hemisphäre entstanden (Abb. 2). Diese Areale werden anhand der jeweilige Menge an Myelin (Spiralförmige Biomembran), der funktionellen Konnektivität und der Reaktion der Neuronen auf bestimmte Situationen unterschieden. Daher ist dies der bisher genaueste Plan des Gehirns (vgl. Wolf 2016, 24 – 26).

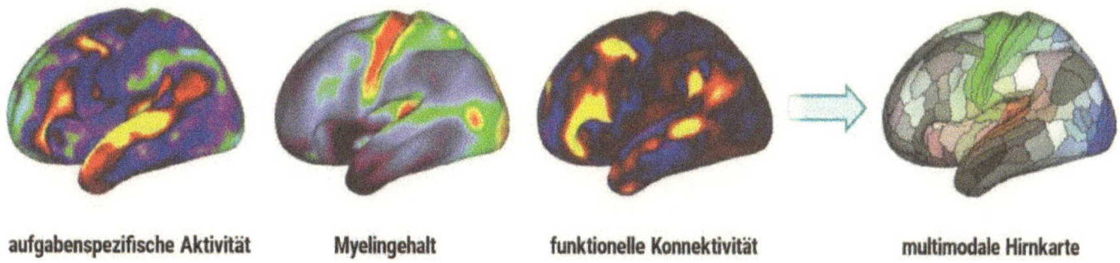

Abbildung 2: Hirnkarte nach Glasser (von: Thomas & Eickhoff, Simon B.; NATURE 536, S. 152-154, 2016, FIG. 1)

1.2 Das Neuron

Die sich im Gehirn befindenden Zellen lassen sich in zwei Gruppen aufteilen: die Gliazellen und die Neuronen.

Gliazellen haben im Gehirn eine Stütz- und Haltefunktion, sorgen durch Umhüllung von Nervenzellen für elektrische Isolation und sind an Stofftransport, Flüssigkeitsaustausch und Aufrechterhaltung der Homöostase (Gleichgewicht der Stoffe) beteiligt (vgl. Gliazelle, 2017).

Neuronen, also Nervenzellen, nehmen Informationen in Form von Erregungen auf, verarbeiten sie und leiten sie an Nervenzellen, Muskeln, Sinneszellen oder auch Drüsen weiter (vgl. Roth/Strüber 2015, 47). Neuronen sind von einer Zellmembran umgeben und bestehen typischerweise aus einem Zellkörper (Soma), der Zellplasma und einen Zellkern enthält. Zudem gehen vom Soma mehrere Zellfortsätze aus, die sich nach ihrer Struktur und Funktion in Dendriten und Axone unterscheiden lassen.

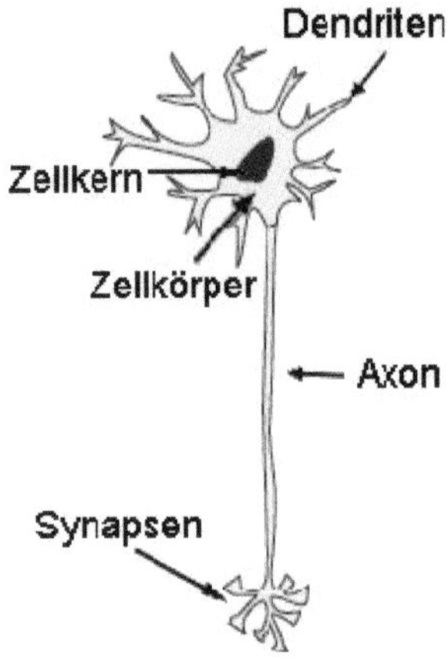

Abbildung 3: Aufbau einer Nervenzelle mit Dendriten, Zellkern, Zellkörper, Axon und Synapsen. (von: Bianka Watzka; http://www.didaktikonline.physik.uni-muenchen.de/piko/material/medizintechnik/medizintechnik/neuron1/neuron.html)

Dendriten dienen dazu, Impulse und Erregungen zu empfangen und an das Soma weiterzuleiten. Die meisten Dendriten verjüngen sich vom Soma aus zunehmend und zweigen sich wie ein Baum in zahlreiche Äste auf („Dendron" = griech. „Baum") (vgl. Garzorz 2009, 4). Das zeigt sich auch darin, dass der Durchmesser der Dendriten nach jeder Verzweigung geringer wird. In sehr dünnen Dendriten können die Mitochondrien fehlen. Zudem ist in den Endabschnitten der Dendriten das Vorkommen von Organellen sehr gering und das Zytoskelett nur noch schwach ausgebildet (vgl. Dendrit (Biologie), 2017).

Das Axon ist dazu da, Impulse und Erregungen vom Soma an andere Zellen weiterzugeben. Es ist meist länger als die Dendriten und verzweigt sich erst an seinem Ende stark und kontaktiert so viele weitere Zellen (vgl. Garzorz 2009, 4). Das Axon beginnt beim sogenannten Ursprungskegel oder auch Axonhügel. Axone sind im Gegensatz zu den Dendriten myelinisiert, das heißt von einer Myelinschicht umgeben, welche von Schwannzellen gebildet wird, die auch zu den Gliazellen zählen. Diese Myelinschicht sorgt für eine elektrische Isolation, was wiederum zu sehr hoher Leitungsgeschwindigkeit führt, da keine Abschwächung des elektrischen Impulses geschieht. Am Ende verzweigt sich das Axon baumartig und steht dadurch mit vielen anderen Nervenzellen in Verbindung. Dieses Endbäumchen wird als Telodron bezeichnet. Die Äste (Telodendrien) enden in einer Vielzahl von Endabschnitten, die Axonterminale oder auch Endknöpfchen genannt werden. Diese stellen den präsynaptischen Teil der Synapse dar (vgl. Axon, 2017).

Nervenzellen werden anhand ihrer Gestalt in verschiedene Typen unterteilt. Dabei ist sowohl die Lage des Zellkörpers als auch die Anzahl und Lage der Axone bzw. Dendriten für die Unterteilung ausschlaggebend.

Das zentrale Nervensystem beim Menschen hat ca. 2×10^{10} Neuronen, welche in circa 2×10^{11} Gliazellen eingebettet sind (vgl. Aertsen (Prof.) u.a., 2000).

1.3 Reizweiterleitung

Die Reizweiterleitung geschieht grob gesehen in drei Schritten: ein Reiz kommt bei der Zelle an der Synapse an, Neurotransmitter werden ausgeschüttet, binden an der anderen Zelle an und zuletzt wird dadurch bei der nachgeschalteten Zelle wiederum ein elektrischer Impuls übersetzt und in die Zelle geleitet.

Damit im Gehirn Reize weitergeleitet werden können, muss in der Zelle ein sogenanntes Ruhepotenzial herrschen. Dies ist der Spannungsunterschied zwischen dem Inneren und dem Äußeren der Zelle, der wie folgt zu Stande kommt:

Die Membran des Neurons ist eine Doppellipidschicht, das heißt sie besteht aus zwei Schichten, die jeweils einen lipophilen und einen hydrophilen Teil haben, wobei der lipophile Teil beider Schichten zueinander zeigt und der hydrophile Teil nach außen zeigt. Dadurch entsteht eine Schicht, die außen lipophob ist und innen hydrophob, was dazu führt, dass keine Stoffe durch die Schicht dringen können (vgl. Giesecke/Schork, 2014). Innerhalb der Zelle befinden sich negativ geladene Proteine und positiv geladene Kalium-Ionen. Außerhalb der Zelle befinden sich negativ geladene Chlorid-Ionen und positiv geladene Natrium-Ionen. Wäre die Membran für alle Ionen und Proteine gleich durchlässig, wäre die Konzentration aller Teilchen in und außerhalb der Zelle gleich. Da dies jedoch nicht der Fall ist, entsteht ein chemisches Potenzial entlang der Konzentrationsgradienten (Konzentrationsgefälle), welches ausgeglichen werden will. Zudem befinden sich in der Zellmembran Ionen-Pumpen, die

Kalium-Ionen in die Zelle hinein und Natrium-Ionen aus der Zelle heraus transportieren. Da jedoch mehr Natrium als Kalium transportiert wird, wird das Innere der Zelle negativ und das Äußere der Zelle positiv geladen. Auf die elektrische Ladung bezogen zieht sich positiv und negativ gegenseitig an, wodurch zusätzlich zu dem chemischen Potenzial auch ein elektrisches Potenzial entsteht. Durch bestimmte, nur für Kalium-Ionen durchlässige Kanäle fließt nun so lange Kalium aus der Zelle, bis chemisches und elektrisches Potenzial gleich stark sind. Dann ist das Innere der Zelle mit ca. -70 mV negativ geladen. Der Ladungsunterschied zwischen Innen- und Außenseite der Zelle beträgt 50 bis 90 mV und wird als Ruhepotenzial bezeichnet.

Wird nun ein Nervenimpuls ausgelöst, kommt es zu einer Erhöhung der Membrandurchlässigkeit für Natrium-Ionen, da spezielle spannungsabhängige Ionenkanäle geöffnet werden. Dadurch können Natrium-Ionen in die Zelle einströmen und der Ladungszustand im Inneren der Zelle wird auf ca. -30 mV angehoben. Dies nennt man Depolarisation. Aufgrund des chemischen und des elektrischen Potenzials strömen nun Natrium-Ionen in die Zelle, weswegen sich die Ladung im Zellinneren ins Positive umkehrt. Nach 1 bis 3 ms reduziert sich die Membrandurchlässigkeit wieder. Danach werden spannungsabhängige Kalium-Kanäle geöffnet, wodurch Kalium-Ionen die Zelle verlassen. Dadurch sinkt die Ladung innerhalb der Zelle auf einen Wert etwas unter dem Ruhepotenzial (Hyperpolarisation) ab. Danach wird wieder das Ruhepotenzial hergestellt. Zusammengefasst ist ein Aktionspotenzial also die Ladungsveränderung in der Zelle aufgrund von Ionenströmen vom Negativen ins Positive und wieder ins Negative (vgl. Bogeskov u.a. 1999, 25 - 31).

Reize müssen im Gehirn verarbeitet und weitergeleitet werden. Die Übertragung eines Aktionspotenzials von einer Nervenzelle auf die andere geschieht an der Synapse. Diese befindet sich in der Regel zwischen dem Axon der einen Zelle und einem Dendriten der anderen Zelle. Am Ende des Axons befindet sich das sogenannte Endknöpfchen, dessen Membran präsynaptisch genannt wird. In den Endknöpfchen befinden sich die Vesikel, die in Form von kleinen Bläschen die Neurotransmitter enthalten. Neurotransmitter (in Kapitel 2 ausführlich betrachtet) sind Botenstoffe, mit deren Hilfe Signale zwischen Zellen ausgetauscht werden. Die Membran des Dendriten heißt postsynaptisch. Dazwischen befindet sich der synaptische Spalt, also ein Zwischenraum mit einer Breite von ca. 20 bis 40 nm.

Kommt nun am Endknöpfchen ein Aktionspotenzial an, öffnen sich spannungsabhängige Calcium-Kanäle und Calcium-Ionen strömen in die Zelle. Dies führt dazu, dass sich die Vesikel, die sich in der Nähe der Zellmembran befinden, in Richtung des synaptischen Spalts bewegen. Dort verbinden sie sich mit der Membran, sodass sie geöffnet werden und Neurotransmitter in den Spalt ausschütten. Die Botenstoffe überqueren diesen und binden an Rezeptoren der postsynaptischen Membran. Währenddessen wird im Endknöpfchen wieder das Ruhepotenzial hergestellt und die Calcium-Ionen aus der Zelle gepumpt. Die Rezeptoren am Dendrit sind mit Ionen-Kanälen verbunden, die sich öffnen, sobald ein Transmitter an den Rezeptor bindet. Je nachdem ob es sich um eine erregende oder hemmende Synapse handelt, unterscheiden sich auch die Ionen-Kanäle. Die Ionen folgen dann ihrem chemischen Potenzial, was aufgrund der verschiedenartigen Ladung der Ionen bei einer erregenden Synapse zu einer Depolarisation und bei einer hemmenden Synapse zu einer Hyperpolarisation führt. Übersteigt die Depolarisation einen Schwellenwert, so kommt erneut ein Aktionspotenzial zustande und die Zelle wird erregt. Damit das Signal kurz und präzise ist, muss der Transmitterstoff zügig aus dem synaptischen Spalt entfernt werden. Dies kann durch passive Diffusion, rückläufigen Transport mit Hilfe von Pumpen oder Abbau des Transmitters durch spezielle Enzyme im synaptischen Spalt geschehen. Meist erfolgt die Entfernung des Transmitters durch Enzymspaltung. Die Pumpen, die den Transmitter in die Zelle zurücktransportieren, sind Proteine, die ATP (Energieträger) als Energiequelle spalten (vgl. Bogeskov u.a. 1999, 37 – 40).

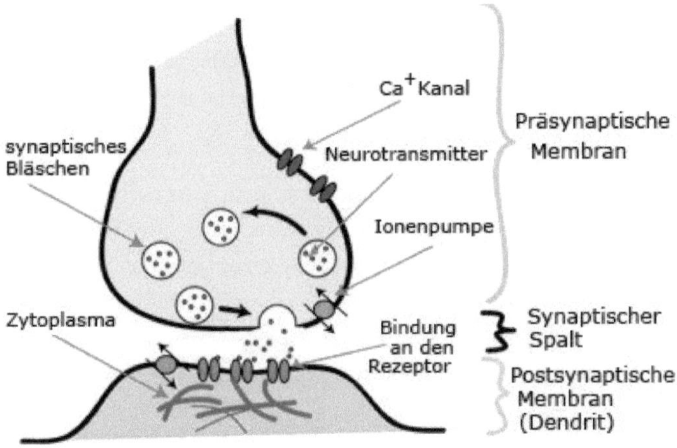

Abbildung 4: Allgemeiner Aufbau der Synapse

(von: G. Wolfgang, http://www.biologie-schule.de/synapse-aufbau.php)

2. Neurotransmitter und ihre Wirkungsweise

Im vorangegangenen Kapitel habe ich mich mit dem allgemeinen Bau des Gehirns, der Funktionsweise von Neuronen und den Vorgängen an der Synapse beschäftigt. In diesem Kapitel möchte ich noch tiefer einsteigen und mich mit der Synthese, der Verbreitung und der Wirkung von Neurotransmittern befassen um zu zeigen, wie sie täglich die Aktivität im Gehirn und somit unsere Psyche beeinflussen.

2.1 Serotonin

Serotonin (5-Hydroxytryptamin, 5-HT) ist in Lebensmitteln wie Schokolade und Bananen enthalten und kann daher mit der Nahrung aufgenommen werden. Es kann jedoch nicht die Blut-Hirn-Schranke überwinden und muss daher direkt im Gehirn synthetisiert werden. Dies geschieht in einer 2-Schritt-Reaktion. Dabei wird zunächst L-Tryptophan benötigt. Dies ist eine Aminosäure, die über die Nahrung aufgenommen wird. Da sie für die Herstellung von Serotonin essentiell ist, kann ein Mangel an L-Tryptophan zu depressiven Verstimmungen, Stimmungsschwankungen und Schlafstörungen führen. Es wird in Deutschland nicht als Antidepressivum eingesetzt, ist jedoch in der Apotheke frei erhältlich (L-Tryptophan, 2016). L-Tryptophan wird durch das Enzym Tryptophanhydroxylase zu 5-Hydroxytryptophan (5-HTP) hydroxyliert. Durch eine Decarboxylierung entsteht im zweiten Schritt unter Beteiligung des Enzyms Aromatische-L-Aminosäure-Decarboxylase das Serotonin (vgl. Serotonin, 2003).

Das Serotoninsystem gilt als eines der phylogenetisch und ontogenetisch ältesten neuromodulatorischen Systeme. Die synthetisierenden Zellkörper liegen in den Raphekernen im Hirnstamm. Bei Depolarisation wird das 5-HT zum Teil in den synaptischen Spalt ausgeschüttet, zum großen Teil jedoch ohne synaptischen Kontakt in den Extrazellulärraum freigesetzt. Daher, und aufgrund der hohen Verzweigung der Neuronen, erreicht das Serotonin fast das gesamte Zentralnervensystem (ZNS). Die Aktivität des Serotoninsystems ist im aktiven Wachzustand tonisch, weist jedoch auch eine Beziehung zum Schlaf-Wach-Zyklus auf (vgl. Förstl/Hautzinger/Roth 2006, 431).

Es sind bisher mindestens 14 verschiedene Serotoninrezeptoren bekannt. Daher beeinflusst Serotonin unter anderem psychische Funktionen wie Emotionen, Schlaf, Appetit und Stimmung. Es gibt erregende und hemmende Rezeptoren für Serotonin. Die Synthese von Serotonin beginnt schon im embryonalen Alter von fünf Wochen, da zu dieser Zeit die ersten serotonergen Neuronen entstehen. Serotonin hat einen starken Einfluss auf emotionale Zustände wie Furcht und Angst. Dabei hat es eine eher beruhigende Wirkung, die darauf beruht, dass Serotonin zwar vorrausschauende Angst fördert, Panik jedoch hemmt. Zudem hemmt Serotonin die Impulsivität. Dabei geht mit Impulsivität oft auch Aggression einher. Diese wird jedoch nicht gehemmt. Grundsätzlich wird davon ausgegangen, dass Serotonin für die Hemmung von Verhalten wichtig ist. Demnach wirkt das Serotoninsystem als aversives System, das die Abwendung negativer Reize und damit passives Verhalten fördert.

Das Serotoninsystem kann durch negative Umweltbedingungen beeinflusst werden. Dabei verändert sich die serotonerge Aktivität im Laufe des Lebens: während diese bei misshandelten oder depressiven Kindern erhöht ist, führt eine frühe Misshandlung bei Erwachsenen zu reduzierter serotonergen Aktivität. Ob eine frühe Misshandlung jedoch auch psychische Störungen begünstigt, hängt von der jeweiligen genetischen Ausstattung ab. Auch vorgeburtliche Erfahrungen können dahingehend Einfluss nehmen, dass Kinder von Müttern, die während des dritten Drittels der Schwangerschaft Angstzustände hatten, eine ängstliche, depressive oder auch aggressive Persönlichkeit entwickeln können (vgl. Roth/Strüber 2015, 103 bis 110).

2.2 Noradrenalin

Die Ausgangssubstanz für die Synthese von Noradrenalin ist Tyrosin, eine nichtessenzielle Aminosäure. Diese wird am C_3-Atom mit einer zweiten Hydroxylgruppe ausgestattet und liegt damit als 3,4-Dihydroxyphenylalanin (DOPA) vor. Das Enzym dazu heißt Tyrosinhydroxylase. Das entstandene Molekül wird zum Amin Dopamin decarboxyliert. Durch die Hydroxylierung der Seitenkette wird Dopamin zu Noradrenalin. Bei diesem Reaktionsschritt ist auch Ascorbinsäure als Cofaktor beteiligt (vgl. Noradrenalin, 2004).

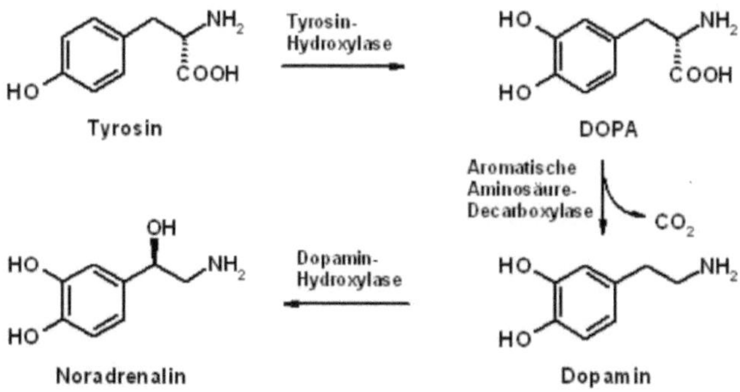

Abbildung 5: Noradrenalinsynthese (von: Sven Jähnchen, https://de.wikipedia.org/wiki/ Adrenalin#/media/File: Adrenalin_(Biosynthese).png

Die Neuronen des noradrenergen Systems sind im Locus coeruleus (LC, Hirnstamm) lokalisiert und wirken wie das Serotonin durch weite Verzweigung auf viele Teile des ZNS. Im Gegensatz zu den serotonergen Neuronen zeigen die noradrenergen Neurone im LC eine rasche, phasische Zunahme ihrer Entladungsrate in Abhängigkeit von sensorischen Ereignissen (vgl. Hegerl, Rupprecht 2006, 432).

Noradrenalin wird vor allem in Stresssituationen ausgeschüttet. Es steuert unter anderem die Reaktionskette bei Stress und ist für fokussierte Aufmerksamkeit und Konzentration zuständig. Es steuert den Appetit und beeinflusst Motivation und Motorik. Daher kann eine verminderte Konzentration von Noradrenalin im synaptischen Spalt Motivationsabfall, Konzentrations- und Gedächtnisstörungen und Depressionen auslösen (vgl. Noradrenalin – wichtigster anregender Botenstoff des Nervensystems, 2014).

Unabhängig von der jeweiligen Situation tritt bei den LC-Neuronen eine tonische Aktivität auf. Diese wird dahingehend individuell moduliert, als dass sie bei Schläfrigkeit gering und in Stresssituationen erhöht ist. Die tonische Aktivität steuert auch die phasischen Aktivitätsschübe proportional, ist also die tonische Aktivität niedrig, fällt auch der Aktivitätsschub klein aus und umgekehrt. Dies spiegelt sich in verminderter Aufmerksamkeit bei Müdigkeit und fokussierter Aufmerksamkeit bei einem normalen Erregungsniveau wieder. Erhöht sich die tonische Entladungsrate jedoch über dieses günstige Niveau hinaus, wird eine konzentrierte Beschäftigung ebenfalls schwierig, da es zu einer Loslösung von der gegenwärtigen Aufgabe und zu einer absuchenden Aufmerksamkeit und Verhaltensflexibilität kommt. Diese Reaktion ist in einer stressreichen und herausfordernden Umwelt äußerst zweckmäßig. Durch die Modulation der tonischen und phasischen Aktivität kann der Aufmerksamkeitsfokus also individuell an die jeweilige Situation angepasst werden (vgl. Roth/Strüber 2015, 111f).

2.3 Dopamin

Dopamin ist eine Vorstufe von Noradrenalin und wird aus Tyrosin gebildet (siehe 2.2). Bisher wurden fünf verschiedene Klassen von Dopaminrezeptoren identifiziert, die man als D_1- bis D_5- Rezeptoren bezeichnet (vgl. Roth/Strüber 2015, 96f).

Dopamin ist hauptsächlich für Motivation und Handlungssteuerung zuständig. Dabei vermittelt es nicht die Freude an Belohnungen wie Geld oder Essen (dafür sind die endogenen Opioide zuständig), sondern wird bei Belohnungserwartung ausgeschüttet. Das erklärt auch die motivierende Wirkung, da eine Handlung eher initiiert wird, wenn eine positive Wirkung erwartet wird. Dabei gibt es mehrere Typen von Signalen und dazugehörigen Antworten: auf eine unerwartete Belohnung reagiert das Dopaminsystem mit einmalig erhöhter Dopaminfreisetzung. Tritt jedoch eine unerwartete Bestrafung ein, so wird die Dopaminfreisetzung verringert. Ist eine Reihe von Handlungen nötig, um eine Belohnung zu erhalten, so baut sich eine erhöhte Dopaminkonzentration langsam auf (vgl. Roth/Strüber 2015, 97 – 101).

„Die Zellen des präfrontalen Cortex [...] können über eine Rückprojektion die Aktivität der dopaminergen Zellen beeinflussen. Darüber hinaus erregen Neurone der lateralen Habenula über ihre Axone inhibitorische Interneurone im „Schwanz" des VTA [(ventrales tegmentales Areal)], die dann [...] die Dopamin-freisetzenden Zellen im VTA hemmen. Dies führt zu einer *Unterdrückung* von motorischem Verhalten, wenn ein Organismus keine Belohnung erhält oder eine Bestrafung oder ein anderes negatives Ereignis erwartet." (Roth/Strüber 2015, 102)

Die unterschiedliche Wirkungsweise der Transmittersysteme impliziert, dass sich diese auch gegenseitig beeinflussen, was vor allem beim Serotoninsystem deutlich zu sehen ist. Serotonin beeinflusst nicht nur die akute Erregung der postsynaptischen Zelle, sondern auch deren Entwicklung. Das betrifft vor allem die neuronale Differenzierung und die Ausbildung von Fortsätzen der Zielzellen. Zudem moduliert Serotonin das Ausmaß, in dem Fasern anderer Neuromodulatorsysteme, beispielsweise des Dopaminsystems, in bestimmte Hirnbereiche einwachsen. In bestimmten Situationen wie beispielsweise Stresssituationen, in denen passives Verhalten günstiger ist, ist darüber hinaus oft die tonische Dopaminfreisetzung verringert, während die Freisetzung von Serotonin im Vorderhirn erhöht ist, was eine Verhaltenshemmung auslöst (vgl. Roth/Strüber 2015, 106).

3. Veränderungen im depressiven Gehirn

Wie in der Einleitung erwähnt, ist die Depression eine der häufigsten psychischen Störungen in Deutschland. Bei der Beschäftigung mit erkrankten Personen fallen die typischen Symptome wie negative Stimmung und Hoffnungslosigkeit schnell auf. Doch ein Blick auf die neurobiologische Situation dazu ist nur in Forschungseinrichtungen möglich. Da das Gehirn jedoch Grundlage all unseren Handelns und Fühlens ist, lohnt es sich doch, einen Blick auf die Veränderungen im Gehirn bei einer Depression zu werfen. Daher werde ich im folgenden Kapitel zunächst allgemein auf das Krankheitsbild Depression eingehen, dann die organischen Veränderungen erläutern und zuletzt Veränderungen der Neurotransmittersysteme im Speziellen beschreiben.

3.1 Krankheitsbild Depression

Nach dem ICD-10 (international classification of deseases, 10. Auflage) gehört die Depression zu den affektiven Störungen. Für diese Arbeit relevant ist F32 (depressive Episode) bis F39 (nicht näher bezeichnete affektive Störung) mit Ausnahme von F33.3 (rezidivierende depressive Störung, gegenwärtig schwere Episode mit psychotischen Symptomen). Eine typische depressive Episode kann leicht, mittelschwer und schwer auftreten. Bei einer leichten Depression treten mindestens 2 der im Folgenden genannten Symptome in einer für den Patienten beeinträchtigenden Weise auf, können jedoch meist ambulant behandelt werden. Typisch für eine mittelschwere depressive Episode ist, dass der Patient vier der Symptome zeigt und daher große Schwierigkeiten hat, alltägliche Aktivitäten fortzusetzen. Bei einer schweren depressiven Episode zeigen sich die Symptome auf quälende Art und gehen oft auch mit somatischen Beschwerden einher. Auch Suizidgedanken und -handlungen sind möglich. Kehren die Episoden mehrmals wieder, spricht man von einer rezidivierenden depressiven Störung. Die erste Episode kann in jedem Alter zwischen Kindheit und Senium auftreten und zwischen wenigen Wochen und einigen Monaten andauern. Stimmungsstörungen können auch mehrere Jahre oder sogar den Großteil des Erwachsenenlebens meist fluktuierend andauern. Dann spricht man von einer anhaltenden affektiven Störung. Störungen, die in keiner dieser Unterscheidungen kategorisiert werden können, fallen unter „andere affektive Störungen".

Um eine Depression diagnostizieren zu können, müssen mehrere Symptome in den vergangenen zwei Wochen vor der Untersuchung vom Patienten gezeigt werden. Zu diesen Symptomen gehören: Gedrückte Stimmung, Interessensverlust, Freudlosigkeit, Verminderung des Antriebs, erhöhte Ermüdbarkeit, verminderte Konzentration und Aufmerksamkeit, vermindertes Selbstwertgefühl und Selbstvertrauen, Schuldgefühle und Gefühle von Wertlosigkeit, pessimistische Zukunftsperspektiven, Suizidgedanken, Autoaggression, Schlafstörungen und verminderter Appetit (vgl. Weltgesundheitsorganisation 2001, 182 - 191).

Die Entstehung von Depression ist so vielseitig wie die Störung selbst: Zum einen spielt die genetische Prädisposition, zum anderen begünstigen negative Kindheitserfahrungen und spätere Umweltbedingungen die Entstehung einer Depression. In der Kindheit können Störungen in der Eltern-Kind-Interaktion, sexueller und physischer Missbrauch oder auch der Verlust der Eltern zu Depressionen führen. Auch im Erwachsenenalter kann das Risiko für Depressionen durch zum Beispiel Tod einer geliebten Person, Scheidung, Vergewaltigung und anhaltende Arbeitslosigkeit erhöht werden (vgl. Roth/Strüber 2015, 257).

3.2 Organische Veränderungen

Depressionen zeigen sich im Gehirn vor allem durch Änderungen in der Funktion und in der Struktur verschiedener Hirnbereiche. Ein Bereich, dessen Aktivität durch Depressionen verändert wird, ist der ventromediale präfrontale Cortex (vmPFC). Dieser steuert die Aufmerksamkeit auf interne Prozesse wie beispielsweise selbstreflexive Gedanken oder Grübeln. Bei gesunden Menschen ist dieser Bereich deaktiviert, wenn sich mit bestimmten Aufgaben beschäftigt werden muss. Depressionen verursachen jedoch eine Überaktivität im vmPFC. Als Folge davon ist ein erhöhter Selbst-Fokus bei Depressiven erkennbar. Auch die Amygdala ist bei depressiven Patienten verstärkt aktiv, was dazu führt, dass neutrale Reize als bedrohlich wahrgenommen werden. Dies könnte die Ursache für die hohe Komorbidität von Depressionen und Angststörungen sein.

Auch die Neubildung von Nervenzellen im Gehirn spielt bei Depressionen eine große Rolle. Die sogenannte adulte Neurogenese tritt vor allem im Hippocampus auf. Dort befinden sich viele neuronale Stammzellen, die kontinuierlich neue Nervenzellen produzieren. Dies spielt für die Informationsverarbeitung und -speicherung, also die Bildung von Erinnerungen, eine wichtige Rolle. Depressionen gehen jedoch mit einer signifikanten Verringerung der Neurogenese im Hippocampus einher. Defizite in der Neurogenese sind jedoch ursächlich für ein vermindertes Hippocampusvolumen und damit auch für Probleme beim Abruf von Gedächtnisinhalten. Es zeigt sich, dass Therapien wie die Elektroschocktherapie und Psychopharmaka zu einer erhöhten Neurogenese und Linderung depressiver Symptome führen.

Auch im Stratium befinden sich neu gebildete Zellen. Dieses ist für das Erkennen von Reiz-Reaktionsbeziehungen und die Ausbildung von Gewohnheiten zuständig. Es wurde noch nicht erforscht, ob die Neurogenese im Stratium depressiver Patienten ebenfalls vermindert ist. Allerdings gibt es auch im Stratium depressiver Menschen erhebliche Volumenreduktionen, die das Ergebnis verringerter Neurogenese sein könnten. Diese Volumenreduktion könnte verhindern, dass der Patient sein Verhalten den aktuellen Gegebenheiten anpasst und seine negativen emotionalen Zustände ändert. Das könnte sich beispielsweise durch übermäßige Trauer über die Trennung vom Partner und damit verbundene Rückzugstendenzen zeigen (vgl. Roth/Strüber 2015, 248 – 263).

3.3 Veränderungen der Neurotransmittersysteme

Das hypothalamisch-hypophysäradrenale (HHA-)System ist eines der wichtigsten stressadaptiven Systeme im menschlichen Gehirn. Dieses System ist bei Depressionen vermehrt aktiv, wodurch eine erhöhte Kortisolkonzentration ausgelöst wird. Kortisol wiederum reduziert die Zahl und Länge von Dendriten in der Region des Hippocampus. Auch die Neubildung von Neuronen geht, wie in Kapitel 3.2 beschrieben) durch Stress zurück, was die Aus- und Weiterbildung der Neurotransmittersysteme verhindert beziehungsweise hemmt. Dies ist ein Teufelskreis, da Serotonin bei der Neurogenese im Nucleus dendatus im Erwachsenenalter eine große Rolle spielt.

Das Serotoninsystem verändert sich auch dahingehend, dass beispielsweise durch Tryptophanmangel weniger Serotonin in den Zellen verfügbar ist. Zudem fällt eine niedrige Konzentration von 5-Hydroxyindolessigsäure im Liquor auf, wodurch (Auto)aggerssion und Suizidalität auftreten können. Auch die Bindungskapazität bestimmter Serotoninrezeptoren sinkt bei einer Depression. Zudem kann es zu Neuronenverlust im Locus coeruleus kommen (vgl. Förstl/Hautzinger/Roth 2006, 431 - 439).

4. Antidepressiva

Antidepressiva sind Medikamente zur Behandlung von Depressionen, die eine zentrale Stellung in der Behandlung depressiver Erkrankungen einnehmen. Obwohl ihr Wirkungsmechanismus sehr unterschiedlich ist, haben alle in Deutschland zugelassenen Antidepressiva die stimmungsaufhellende und antriebsnormalisierende Wirkung gemeinsam, mit der auch die somatischen Symptome abklingen.

Antidepressiva können auf zwei verschiedene Arten eingeteilt werden: Entweder nach Wirkmechanismus oder nach Sedierung. In meiner Arbeit habe ich die Einteilung nach Wirkmechanismus gewählt, da sie genauer ist. (vgl. König/Laux/Dietmaier 2002, 111f).

Kaum eine Arzneimittelgruppe ist so umstritten und wird so emotional diskutiert wie die Psychopharmaka. Durch negative Aspekte wie Nebenwirkungen, aber auch polarisierende Schlagzeilen oder unqualifizierte Berichterstattung in den Medien ist die Skepsis der Bevölkerung auch gegenüber Antidepressiva groß. Auch Unwissen über Psychopharmaka schaden deren Ruf: oft werden Antidepressiva den Tranquilizern (Beruhigungsmittel) gleichgesetzt. Demgegenüber werden Psychopharmaka in psychiatrischen Kliniken von den betroffenen selbst als positiv und hilfreich beurteilt (König /Laux/Dietmaier 2002, 3 – 5).

4.1 Trizyklische Antidepressiva

Trizyklische Antidepressiva sind Pharmaka, die an den postsynaptischen Rezeptoren wirken. Heutzutage werden sie auch „nicht-selektive Monoamin-Rückaufnahme-Inhibitoren“ genannt. Nicht-selektiv bedeutet in diesem Kontext, dass das Medikament mehrere verschiedene Neurotransmittersysteme beeinflusst. Monoamin ist ein anderer Name für Neurotransmitter und ein Inhibitor ist ein Stoff, der etwas Bestimmtes, in diesem Fall die Rückaufnahme der Monoamine in den synaptischen Spalt, verhindert. Es zeigt sich, dass die Bezeichnung der Wirkstoffgruppe schon einen Überblick über die Wirkungsweise schafft. Die trizyklischen Antidepressiva besitzen sehr ähnliche Grundstrukturen mit einem zentralen Sechs- oder Siebenring, an den zwei aromatische Ringe ankondensiert sind und der eine Propyl- beziehungsweise Ethylseitenkette mit einer Aminogruppe trägt. Dennoch unterscheiden sich die verschiedenen Arzneistoffe leicht, so kann beispielsweise eine zusätzliche Ethylen-Brücke vorhanden sein oder die Seitenkette ist Ringförmig (vgl. Riederer/Laux/Pöldinger 2002, 99).

Die Synthese von trizyklischen Antidepressiva verläuft meist mehrstufig, weswegen ich sie exemplarisch nur an Clomipramin betrachte. Obwohl die trizyklischen Antidepressiva als veraltet gelten, dient Clomipramin bis heute als Vergleichsstandart für Neuentwicklungen von Psychopharmaka. Es ist unter dem Handelsnahmen Anafranil® und als Generikum von zahlreichen Herstellern erhältlich. Bei der Synthese von Clomipramin wird zuerst 3-Chlor-10,11-dihydro-5H-dibenz[b,f]azepin mit Natriumamid deprotoniert und dann mit 3-Dimethylaminopropylchlorid umgesetzt. Diese Verbindung wird dann mittels Phosgen in eine Carbamoylchloridzwischenverbindung überführt. Im vorletzten Schritt entsteht ein Carbamatzwischenprodukt, welches dann zu 3-Chlor-10,11-dihydro-N,N-dimethyl-5H-dibenz-[b,f]azepin-5-propanamin (Abbildung 6) decarboxyliert wird (vgl. Clomipramin, 2013).

Die Wirkungsweise der trizyklischen Antidepressiva erfolgt auf zwei Arten: zum einen durch Hemmung der präsynaptischen Pumpen, zum anderen durch Hemmung bestimmter Rezeptoren. Clomipramin wirkt hauptsächlich durch Hemmung der Pumpen. Diese sind für die Rückaufnahme der Neurotransmitter in die Vesikel zuständig. Werden nun diese Pumpen gehemmt, kommt es zu einer erhöhten Konzentration von Transmittern im synaptischen Spalt. Zu den gehemmten Rezeptoren gehören hauptsächlich der 5-HT_{2A}-Rezeptor und der H_1-Rezeptor. Die genaue Wirkungsweise der meisten Antidepressiva ist jedoch bis heute ungeklärt. Vor allem die veränderte Rezeptordichte konnte bisher nicht erklärt werden.

Trizyklische Antidepressiva interagieren auf vielfältige Art mit anderen Stoffen: zum einen verstärken sie die Wirkung von Alkohol, Sedativa, Hypnotika, Antihistaminika,

Anticholinergika und Antiarrythmika vom Chinidin-Typ, zum anderen vermindern sie die Wirkung von beispielsweise Hypertonika. Es ist zu beachten, dass die trizyklischen Antidepressiva die Wirkung von MAO-Hemmern gefährlich intensivieren können (vgl. Luippold, 2012).

Die Nebenwirkungen trizyklischer Antidepressiva sind aufgrund der mangelnden Spezifizierung auf bestimmte Neurotransmittersysteme ausgeprägter als die der spezifischen Wiederaufnahmehemmer. Es stehen vor allem vegetativ-anticholinerge Nebenwirkungen im Vordergrund, welche von den Patienten häufig als belastend empfunden werden. Die häufigsten unerwünschten Wirkungen von trizyklischen Antidepressiva sind Mundtrockenheit, Schwitzen, Verstopfung, Zittern, Tachykardie, Blutdrucksenkung, Schwindel, Müdigkeit oder Unruhe und Gewichtszunahme. Oft treten die Nebenwirkungen in den ersten Wochen der Behandlung auf und klingen im Laufe der Therapie ab (vgl. König/Laux/Dietmaier 2002, 124f).

4.2 Selektive Wiederaufnahmehemmer

Selektive Wiederaufnahmehemmer werden heutzutage häufig verschrieben, weil sie ein geringes Spektrum an Nebenwirkungen haben. Es gibt viele verschiedene selektive Wiederaufnahmehemmer, die jedoch ähnlich wirken: Sie blockieren das jeweilige Transportprotein, das den Transmitterstoff in die Zelle zurücktransportieren soll. Dadurch wird die Konzentration des Transmitters im synaptischen Spalt erhöht. Das Spektrum an Nebenwirkungen ist deshalb so gering, weil die selektiven Wiederaufnahmehemmer nur auf das gewünschte Transmittersystem einwirken. In Deutschland erhältlich sind: selektive Serotonin-Wiederaufnahmehemmer, selektive Noradrenalin-Wiederaufnahmehemmer, selektive Serotonin-/Noradrenalin-Wiederaufnahmehemmer und selektive Noradrenalin-/Dopamin-Wiederaufnahmehemmer (vgl. Thalhammer u.a., 2015).

Aufgrund dieser verschiedenen Kategorien müssen auch die Nebenwirkungen korrekt zugeteilt werden. Bei einer Hemmung des Noradrenalin-Wiederaufnahmesystems können Tachykardie, Blutdruckveränderungen, Unruhe, Tremor, Miktionsstörungen, Harnretention, Mundtrockenheit und Erektions- bzw. Ejakulationsstörungen auftreten. Wird das Serotoninsystem gehemmt, können Übelkeit, Erbrechen, Unruhe, Schlafstörungen, Appetitminderung, Gewichtsabnahme, Kopfschmerzen und sexuelle Funktionsstörungen vorkommen. Bei einer Hemmung des Dopamin-Wiederaufnahmesystems können sich psychomotorische Aktivierung, Psychoseauslösung bzw -verstärkung und Antiparkinson-Wirkung einstellen (vgl. Riederer/Laux/Pöldinger 2002, 231).

Vor allem selektive Serotoninwiederaufnahmehemmer dürfen nicht zusammen mit MAO-Hemmern verordnet werden. Soll die Therapie also umgestellt werden, müssen Sicherheitsabstände in der Gabe der Pharmaka eingehalten werden. Zudem sollen selektive Wiederaufnahmehemmer nicht mit L-Tryptophan und Triptanen (Migränemittel) eingenommen werden (vgl. König/Laux/Dietmaier 2002, 126f).

4.3 MAO-Hemmer

Die Monoamin-Oxidase (MAO) ist ein relativ unspezifisches mitochondriales Enzym. Es baut Monoamine wie beispielsweise Serotonin, Noradrenalin und Dopamin ab. MAO-Hemmer sind Substrate, die die Aktivität der MAO einschränken oder ganz unterbinden. Nach ihrer Reaktionsempfindlichkeit gegenüber Clorgylin wurde die Monoamin-Oxidase in zwei Typen unterteilt: MAO-A und MAO-B. Heute gibt es mehrere Hemmstoffe, die jeweils selektiv eine Form des Enzyms hemmen. Dabei ruft eine Hemmung der A-Form im Gehirn vor allem eine Erhöhung der Konzentration von Adrenalin, Noradrenalin und Serotonin hervor. Eine Hemmung der B-Form beeinflusst überwiegend β-Phenethylamin und Dopamin, da dieses bevorzugt durch MAO-B metabolisiert wird. MAO-Hemmer vom Typ A zeigen therapeutisch antidepressive und Hemmer vom Typ B Antiparkinson-Eigenschaften. Die MAO-Hemmer werden auch hinsichtlich ihrer Reversibilität eingeteilt. Man unterscheidet die kompetitiven, reversiblen Hemmstoffe und die irreversiblen (klassischen) Hemmstoffe. Reversible MAO-Hemmer haben Strukturverwandtschaft mit den Substraten des Enzyms, werden jedoch nicht metabolisiert. Sie Hemmen zudem das Enzym, ohne es zu metabolisieren. Irreversible Hemmstoffe werden nach Wirkung erst oxidiert und dann kovalent gebunden. Ihre Wirkzeit ist lang, da erst durch die Neusynthese des Enzyms dessen biologische Wirkung wiederhergestellt ist.

In Deutschland sind MAO-Hemmer nicht sehr weit verbreitet und werden meist bei therapieresistenten oder atypischen Depressionen eingesetzt. Das liegt auch an den teilweise drastischen Wechselwirkungen mit anderen Stoffen. Besonders riskant ist das Serotoninsyndrom: die toxische Manifestation eines intrazellulären Serotonin-Überschusses. Symptome sind dabei Hyperaktivität, Klonus, Tremor, Schüttelfrost und Hyperreflexe. Das Serotoninsyndrom tritt vorwiegend bei einer zeitgleichen Einnahme von MAO-Hemmern und Serotonin-Wiederaufnahmehemmern oder Analgetika auf. Zudem muss bei der Einnahme von MAO-Hemmern eine strenge Tyramin-arme Diät eingehalten werden, um hypertensive Krisen zu vermeiden. Häufige Nebenwirkungen unter MAO-Hemmern sind Unruhe, Psychostimulation,

Schlafstörungen, Hypomanie, Absetzeffekte (Angst), Schwindel, Ostipation und Ejakulationsstörungen (vgl. Riederer/Laux/Pöldinger 2002, 438 - 523).

4.4 Johanniskraut

Arzneimittel auf Basis von Pflanzenextrakten wie beispielsweise der Hypericum perforatum (Johanniskraut) werden als Phytopharmaka bezeichnet. Johanniskraut als Handelspräperat wird meist im Verhältnis Droge:Extrakt als 5:1 oder 10:1 dargereicht, meist in Form von Dragees oder Kapseln. Es wird bei psychovegetativen Störungen, depressiven Verstimmungszuständen, leichten bis mittelschweren Depressionen, Angst und nervöser Unruhe angewendet.

Johanniskrautextrakt ist von den anderen Antidepressiva zu unterscheiden, weil es ein deutlich breiteres Wirkungsspektrum hat. So wirkt es gleichermaßen auf die synaptosomale Aufnahme von Serotonin, Noradrenalin, Dopamin und Gammaaminobuttersäure (GABA) und etwas schwächer auf die L-Glutamat-Aufnahme. MAO wird jedoch nicht beeinflusst. Es wird davon ausgegangen, dass Phloroglucinol Hyperforin wesentlich für die antidepressive Wirkung verantwortlich ist.

Nebenwirkungen von Johanniskraut können Müdigkeit, gastrointestinale Beschwerden, Schwindel, Benommenheit, Mundtrockenheit, Herzbeschwerden und Exantheme sein (vgl. Riederer/Laux/Pöldinger 2002, 597 - 621).

C Fazit

Der kurze Überblick über das Gehirn als Schaltzentrale unseres Selbst hat gezeigt, wie komplex das menschliche Gehirn ist und dass seine Struktur bis heute nicht vollständig bekannt ist. Ein genauerer Blick auf die Bestandteile des Gehirns, nämlich die Gliazellen und Neuronen mit den Synapsen hat einen ersten Überblick über die Funktions- und Wirkungsweise von Neurotransmittern allgemein als Botenstoffe gegeben. Danach wurden die Transmitter Serotonin, Noradrenalin und Dopamin einzeln vorgestellt und erklärt. Um die Wirkungsweise der Neurotransmitter am Beispiel von Depression vorstellen zu können, wurden danach die krankheitsbedingten Veränderungen im depressiven Gehirn aufgezeigt. Zuletzt wurde die Wirkungsweise der gängigen Antidepressiva gezeigt, da diese auf die Neurotransmittersysteme wirken.

Die Kernaussage dieser Arbeit ist, wie eng psychische Prozesse, aber auch zugehörige Störungen mit der Funktionsweise der Neurotransmittersysteme, insbesondere mit dem Noradrenalin-, Dopamin- und Serotoninsystem, zusammenhängen. Störungen wirken sich auf die Systeme aus, was verheerende psychische Folgen haben kann. Daraus ergibt sich aber auch, dass eben diese Störungen mit Medikamenten behandelt werden können, die auf genannte Systeme wirken. Dabei sind insbesondere die Vorgänge an der Synapse von Bedeutung. Im synaptischen Spalt spielt sich sowohl Erkrankung als auch Behandlung ab, weswegen auf diesen Vorgängen ein besonderes Augenmerk der Arbeit lag.

Die Arbeit lässt aufgrund der Themenwahl offen, wie sich andere Neurotransmitter auf die Psyche auswirken und wie andere psychische Erkrankungen mit Psychopharmaka behandelt werden, was jedoch ebenfalls spannende Forschungsfelder sind.

Literaturverzeichnis

Aertsen u.a., 2000	Ad Aertsen u.a.: Nervenzelle, 2000. Internetpublikation unter: http://www.spektrum.de/lexikon/neurowissenschaft/nervenzelle/8374 [Stand: 23.07.2017]
Axon, 2017	o.V.: Axon, 2017. Internetpublikation unter: https://de.wikipedia.org/wiki/Axon [Stand: 17.07.2017]
Bauer/Berghöfer/Adli, 2005	Michael Bauer/Anne Berghöfer/Mazda Adli: Akute und therapieresistente Depression. Pharmakotherapie - Psychotherapie – Innovationen, Berlin 2005
Bogeskov u.a., 1999	Jens Bogeskov u.a.: Das menschliche Gehirn - Aufbau, Funktionsweisen und Fähigkeiten eines erstaunlichen Organs, Wien 1999
Clomipramin, 2013	o.V.: Clomipramin, 2013. Internetpublikation unter: http://www.biologie-seite.de/Biologie/Clomipramin [Stand: 01.09.2017]
Dambeck u.a., 2017	Holger Dambeck/Irene Berres/Axel Bojanowski/Heike Le Ker/Julia Merlot/Jörg Römer/Christoph Seidler/Nina Weber: Komplexe Schaltzentrale, 2017. Internetpublikation unter: http://www.spiegel.de/thema/gehirn/ [Stand: 15.09.2017]
Dendrit (Biologie), 2017	o.V.: Dendrit (Biologie), 2017. Internetpublikation unter: https://de.wikipedia.org/wiki/Dendrit_(Biologie) [Stand: 17.07.2017]
Förstl/Hautzinger/Roth, 2006	Hans Förstl/Martin Hautzinger/Gerhard Roth: Neurobiologie psychischer Störungen, Heidelberg 2006
Garzorz, 2009	Garzorz, Natalie: Neuroanatomie, München 2009
Geyer, 1999	Michael Geyer: Neurologie/ Psychiatrie/ Psychotherapeutische Medizin, Wiesbaden 1999
Giesecke/Schork, 2014	Alexander Giesecke/Nicolai Schork: Die Zellmembran, der fette Türsteher, 2014. Internetpublikation unter: https://www.youtube.com/watch?v=9Bt2Lb1L9ng [Stand: 23.07.2017]
Gliazelle, 2017	o.V.: Gliazelle, 2017. Internetpublikation unter: https://de.wikipedia.org/wiki/Gliazelle [Stand: 17.07.2017]
König/Laux/Dietmaier 2002	Wolfgang König/Gerd Laux/Otto Dietmaier: Psychopharmaka, München 2002

L-Tryptophan, 2016	o.V.: L-Tryptophan, 2016. Internetpublikation unter: http://aminosäure.org/aminosaeuren/l-tryptophan/ [Stand: 06.08.2017]
Luippold, 2012	Gerd Luippold: Trizyklische Antidepressiva, 2012. Internetpublikation unter: https://www.thieme-connect.de/products/ebooks/pdf/10.1055/b-0034-36356.pdf [Stand: 01.09.2017]
Munz, 2017	Dietrich Munz: Depression, 2017. Internetpublikation unter: http://www.bptk.de/patienten/psychische-krankheiten/depression.html [Stand: 15.09.2017]
Noradrenalin – wichtigster Botenstoff des Nervensystems, 2014	o.V.: Noradrenalin – wichtigster Botenstoff des Nervensystems, 2014. Internetpublikation unter: http://neurolab.eu/infos-wissen/wissen/neurotransmitter/noradrenalin/ [Stand: 09.08.2017]
Noradrenalin, 2004	o.V.: Noradrenalin, 2004. Internetpublikation unter: http://flexikon.doccheck.com/de/Noradrenalin [Stand: 08.08.2017]
Riederer/Laux/Pöldinger, 2002	Peter Riederer/Gerd Laux/Walter Pöldinger: Neuro-Psychopharmaka. Ein Therapie-Handbuch, Wien 2002
Roth/Strüber, 2015	Gerhard Roth/Nicole Strüber: Wie das Gehirn die Seele macht, Köln 2015
Serotonin, 2003	o.V.: Serotonin, 2003. Internetpublikation unter http://flexikon.doccheck.com/de/Serotoninsynthese#Biochemie [Stand: 06.08.2017]
Thalhammer u.a., 2015	Matthias Thalhammer: Antidepressiva, 2015. Internetpublikation unter https://www.netdoktor.at/therapie/antidepressiva-8588 [Stand: 02.09.2017]
Weltgesundheitsorganisation, 2001	Weltgesundheitsorganisation: Internationale Klassifikation neurologischer Erkrankungen, Bern 2001
Wolf, 2016	Wolf, Christian: Ein neuer Atlas des Gehirns; in: Das Konnektom, 2017, 24

Bibliografische Information der Deutschen Nationalbibliothek:

Die Deutsche Bibliothek verzeichnet diese Publikation in der Deutschen Nationalbibliografie; detaillierte bibliografische Daten sind im Internet über http://dnb.d-nb.de/ abrufbar.

Impressum:

Copyright © 2017 GRIN Verlag
Druck und Bindung: Books on Demand GmbH, Norderstedt Germany
ISBN: 9783668623880

Dieses Buch bei GRIN:

https://www.grin.com/document/388136